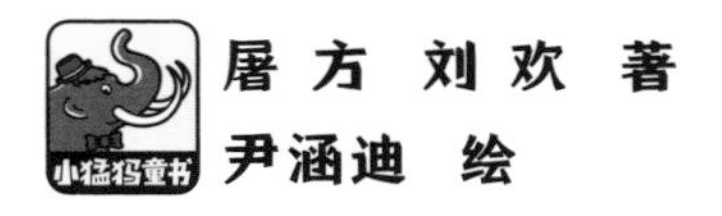

屠方 刘欢 著
尹涵迪 绘

你好，中国的房子

苗族的吊脚楼

電子工業出版社
Publishing House of Electronics Industry
北京·BEIJING

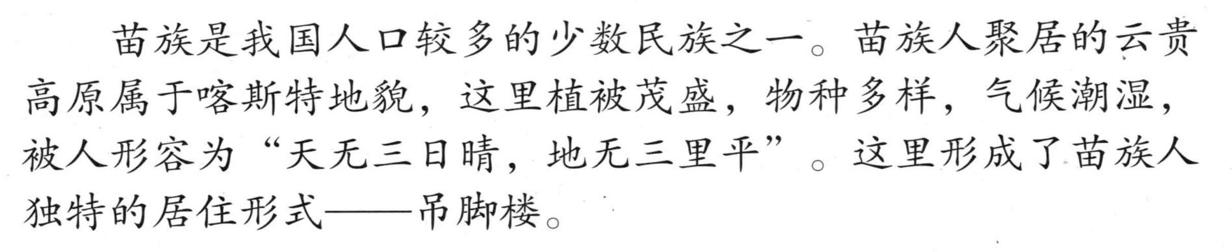

苗族是我国人口较多的少数民族之一。苗族人聚居的云贵高原属于喀斯特地貌，这里植被茂盛，物种多样，气候潮湿，被人形容为“天无三日晴，地无三里平”。这里形成了苗族人独特的居住形式——吊脚楼。

吊脚楼常常依山傍水而建，有着悠久的历史和厚重的文化，是富有特色的少数民族民居，也是中国民居中的佼佼者。

贵州省黔东南苗族侗族自治州丹寨县有一个南皋乡，乡里有一个大簸箕寨，寨子里保留着整片原汁原味的吊脚楼楼群。

这里的吊脚楼拥有古老的经典样式，陈旧的木制结构和年迈的苗族老人，像从历史长河中走来的塑像，与大簸箕寨苗族先民的文化遥相呼应。

想要进入三面环山的大簸箕寨，必须经过一座风雨桥，这里也是苗家人举行迎接贵客的仪式——拦门酒的起点。热情好客的苗家人在桥上夹道欢迎客人，吹芦笙、唱山歌，用牛角或土碗盛满自家酿制的米酒，敬给尊贵的客人，客人喝得越多，主人就越开心。

在寨子里常常可以看见苗族老者坐在青苔石阶上抽着旱烟，为这个600多年的寨子增添一丝厚重。

苗族孩子们喜欢聚集在寨门后的空地上，玩苗族传统游戏板羽毽（又称打鸡），欢声笑语传遍整个大簸箕寨。

走进寨子，就能看到一栋栋干栏式的吊脚楼鳞次栉比，傍山而立。寨子里青石板铺成的小路顺着山势起伏。走在路上，一抬头就可以看到吊脚楼上挂着金灿灿的玉米和红彤彤的辣椒，充满了苗家的生活气息。

大簸箕寨气候潮湿，石头垒起的地基上长满苔藓。砖石房子的地面和墙上容易聚集水珠，被子、衣服也不容易干，人住久了会生病。但是，木头做成的吊脚楼择通风向阳处开窗，具有很好的除湿防潮作用。

吊脚楼是苗族传统的建筑形式，楼上住人，楼下架空。架空的一楼用来养牛、羊、猪、鸡、鸭、鹅等牲畜，也可以搁置农具杂物，被现代建筑学家评价为最佳生态建筑类型。

在苗族重大的传统节日里，苗族人民喜欢举办斗牛比赛，代表寨子获胜的牛被称为“牛王”。“牛王”的牛角上系着代表胜利的红布条，给寨子和牛的主人带来莫大的荣耀。

沿着木制的楼梯，可以走上二楼。二楼是堂屋，是主人生活的主要场所。

堂屋正对大门的墙上供奉着祖先的牌位。苗族人希望祖先可以保佑吊脚楼，保佑子孙兴旺发达、健康平安。

堂屋的中央有个火塘，这是辛勤的苗家人一起吃饭、聊天的地方。

火塘上面挂满了熏制的腊肉。每当夜幕降临后，劳作归来的苗家人围着火塘，喝着米酒，蘸着辣椒吃着热腾腾的酸汤鱼，跳动的火苗映衬着一家人生活的温馨与幸福。

堂屋外的悬空走廊装着独特的曲栏靠椅，苗语叫“嘎息”，民间又叫“美人靠”，是苗家人休闲、观景的地方。苗族姑娘们常在这里挑花刺绣，织锦纳鞋，梳妆打扮。

继续往上走，到了三楼。三楼一般是吊脚楼的顶楼，是储存粮食的仓库。几只小猫咪慵懒地躺在地板上休憩，守护着粮仓，防止老鼠偷食。人多的时候，热情好客的主人也会在三楼隔出房间给客人住。

吊脚楼三楼正梁的中央有一个神秘的象征符号，外圈用墨汁绘就，里圈为红色。人们把它画在正梁上，这不仅是对天地日月的祈福，而且包含着苗族人对天地开辟、人类发祥的古远追忆。在一些老人的口述里，有的梁木两端会分别写上“乾”“坤”二字，代表宇宙。

吊脚楼采用榫卯结构，不用一颗钉子。最基本的榫卯结构由两个构件组成，其中一个的榫头插入另一个的卯眼中，使两个构件牢固地连接在一起。

吊脚楼的中柱一定要用枫木，因为枫树是苗族的生命图腾树，是象征祖先灵魂的圣树。在苗族的古老传说中，苗族先祖蝴蝶妈妈是枫树生的。

苗家人非常团结，当其中一户人家要建造新的吊脚楼时，全寨子的人都会来帮忙。

“天平地不平”是吊脚楼的主要特色。建房时，吊脚楼因地就势，两只“前脚”稳稳地扎在地基上，与另一边的墙基共同支撑着房屋。房屋伸出悬空，不仅适应山地地形，而且具有出挑错落之美。

吊脚楼落成后，通常要举行传统的接龙仪式，消灾祈福。女主人穿着盛装，佩戴银饰充当“龙女”，溪流、河谷的水为“龙水”，苗族巫师在溪流或河谷边取回一壶“龙水”交给盛装的女主人提回家。众人吹吹打打，一路遍插五彩旗，簇拥相随。

大
吉
新居大吉
上梁大吉

接龙仪式结束后，主人为了表示感谢，会在寨子里摆上长桌宴，桌上摆满了苗族的传统佳肴：刨汤、腊拼、古藏肉、酸汤鱼、土鸡、鱼腥草、韭菜根等。长桌宴少则容纳几十人，多则容纳上万人，场面极为壮观。主人还会为每个客人准备代表吉祥如意的红鸡蛋作为答谢。

大簸箕寨四周的山丘上有大大小小的梯田，不仅可以种水稻，还能养鱼。这些养在稻田里的鱼被称为稻田鱼，苗族特色美食酸汤鱼用的就是这种鱼。

每当节日来临，大簸箕寨的广场上总会响起悠扬的芦笙曲。

苗家人穿着节日的盛装，伴着音乐跳起欢快的舞蹈，庆祝美好的日子。

图书在版编目（CIP）数据

你好，中国的房子. 苗族的吊脚楼 / 屠方, 刘欢著 ; 尹涵迪绘. -- 北京 : 电子工业出版社, 2022.7
ISBN 978-7-121-43489-1

Ⅰ. ①你… Ⅱ. ①屠… ②刘… ③尹… Ⅲ. ①苗族－民居－建筑艺术－中国－少儿读物 Ⅳ. ①TU241.5-49

中国版本图书馆CIP数据核字（2022）第085033号

责任编辑：朱思霖
印　　刷：北京瑞禾彩色印刷有限公司
装　　订：北京瑞禾彩色印刷有限公司
出版发行：电子工业出版社
　　　　　北京市海淀区万寿路173信箱　邮编：100036
开　　本：889×1194　1/16　印张：22.5　字数：97.25千字
版　　次：2022年7月第1版
印　　次：2023年5月第4次印刷
定　　价：200.00元（全10册）

凡所购买电子工业出版社图书有缺损问题，请向购买书店调换。若书店售缺，请与本社发行部联系，联系及邮购电话：（010）88254888，88258888。
质量投诉请发邮件至zlts@phei.com.cn，盗版侵权举报请发邮件至dbqq@phei.com.cn。
本书咨询联系方式：（010）88254161转1859，zhusl@phei.com.cn。